| 정브르

140만 구독자를 보유한 생물 크리에이터. 곤충과 파충류부터 바다생물까지 다양한 생물을 소개하는 참신한 콘텐츠를 선보이며 생물 전문 크리에이터로 큰 사랑을 받고 있답니다. 유튜브 채널에서 동물 사육, 채집, 과학 실험 등의 재미있고 유익한 영상을 소개하고 있으며, 도서와 영화를 통해 고유의 콘텐츠와 더불어 동물을 사랑하는 마음까지 대중에게 알리고 있어요.

1판 1쇄 발행 2024년 10월 31일
1판 3쇄 발행 2025년 1월 24일

발행인 | 심정섭
편집인 | 안예남
편집장 | 최영미
편집자 | 이수진, 이선민
브랜드마케팅 담당 | 김지선, 하서빈
출판마케팅 담당 | 홍성현, 김호현
제작 | 정수호

발행처 | (주)서울문화사
등록일 | 1988년 2월 16일
등록번호 | 제 2-484
주소 | 서울특별시 용산구 새창로 221-19
전화 편집 | 02-799-9375 **출판마케팅** | 02-791-0708
본문 구성 | 덕윤웨이브 **디자인** | 권규빈
인쇄처 | 에스엠그린

ISBN 979-11-6923-470-2
　　　979-11-6438-488-4 (세트)

ⓒ정브르. ⓒSANDBOX NETWORK Inc. ALL RIGHTS RESERVED.

차례

탐구 브르의 정글 탐험 탐구 노트-① • 4

1화. 수리남 정글에서 만난 야생 물고기 • 6
브르, 킬리피쉬를 잡다! • 13
초대형 물고기, 울프피쉬 • 18

2화. 브르의 정글 속 하천 채집 • 26
무시무시한 피라냐를 잡아라! • 33
수리남 강에 통발을 던지면?! • 41

3화. 브르가 만난 신비한 생명체의 정체는? • 46
브르, 야간 정글에서 대발견하다! • 54

4화. 카이만 악어를 맨손으로 잡은 브르 • 62
폴짝폴짝 피파피파개구리의 독특한 번식 • 68

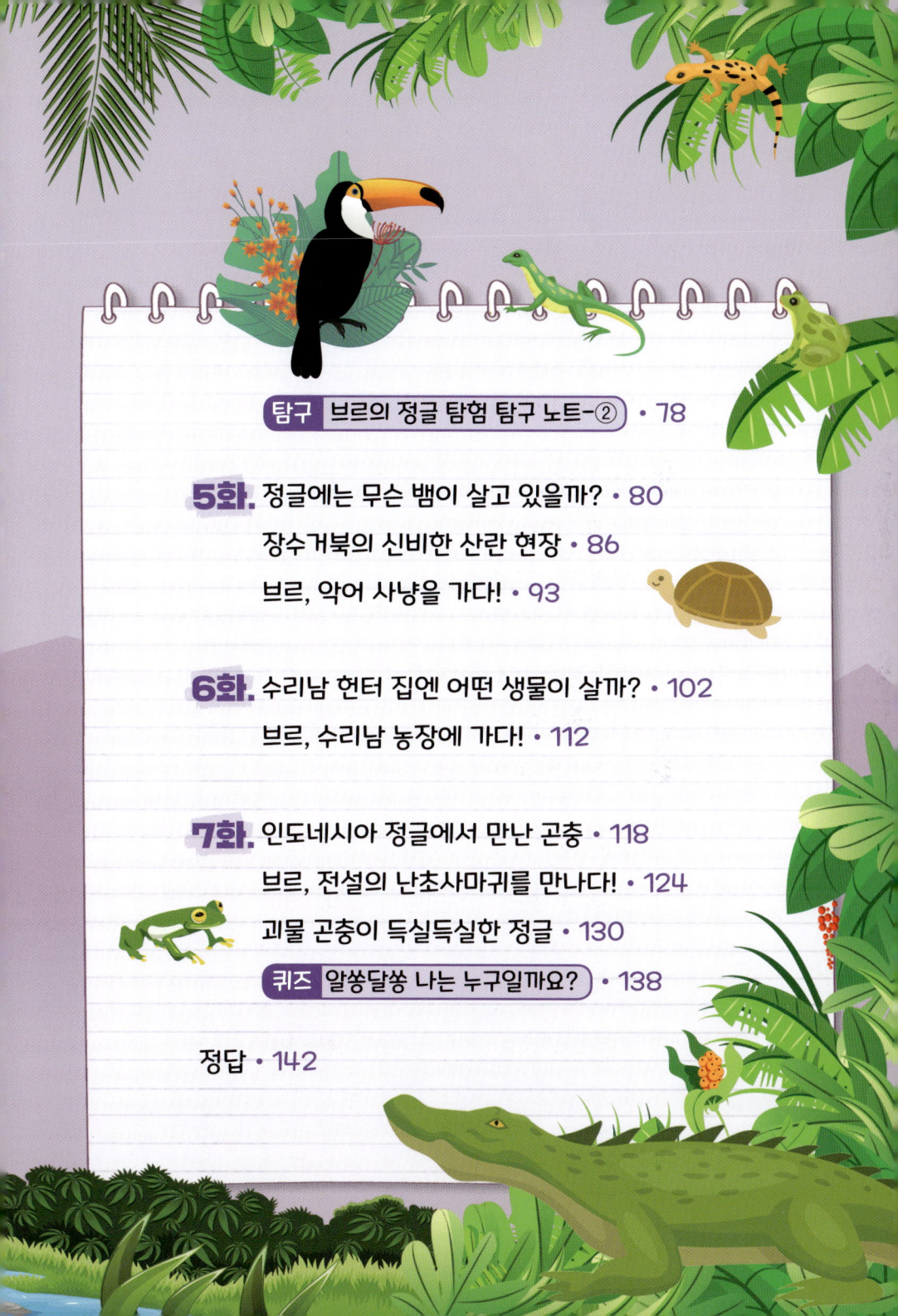

탐구 브르의 정글 탐험 탐구 노트-② • 78

5화. 정글에는 무슨 뱀이 살고 있을까? • 80
장수거북의 신비한 산란 현장 • 86
브르, 악어 사냥을 가다! • 93

6화. 수리남 헌터 집엔 어떤 생물이 살까? • 102
브르, 수리남 농장에 가다! • 112

7화. 인도네시아 정글에서 만난 곤충 • 118
브르, 전설의 난초사마귀를 만나다! • 124
괴물 곤충이 득실득실한 정글 • 130
퀴즈 알쏭달쏭 나는 누구일까요? • 138

정답 • 142

브르의 정글 탐험 탐구 노트-①

남미의 가장 작은 나라, 수리남

수리남은 남아메리카에 위치한 작은 독립국이에요. 국토의 약 94%가 열대 우림으로 덮여 있어, 사람들은 주로 북쪽의 해안 지역에 거주해요. 남쪽의 울창한 우림 덕분에 탄소 흡수량이 배출량보다 많으며, 적도 근처에 있어 열대 기후를 유지하고 있어요. 우리나라와 다르게 일 년 동안 온도가 크게 변하지 않고, 기온과 습도가 항상 높은 편이지요. 수리남에 가면 숲과 산맥, 강 등이 어우러진 아름다운 자연 풍경을 볼 수 있어요.

중앙 수리남 자연보전지역

중앙 수리남 자연보전지역은 수리남에 있는 열대 우림 지역이에요. 오랫동안 훼손되지 않은 자연 상태를 유지하고 있어, 원시 열대림이라고 불리지요. 이곳에는 5,000종이 넘는 식물과 수리남만의 희귀한 동물들이 안전하게 살고 있어요.
이곳은 1998년에 자연 보호를 위해 '자연보전지역'으로 지정되었고, 2000년에는 유네스코 세계자연유산으로도 등재되었어요.

수리남의 역사와 문화

과거 수리남은 '네덜란드령 기아나'라고 불리며 네덜란드의 지배를 받았어요. 1954년에 수리남이라는 이름이 생겼고, 1975년에 네덜란드로부터 독립하여 지금의 독립국이 되었어요. 그래서 수리남은 남아메리카에 있지만, 공용어로 네덜란드어를 사용해요. 또한 수리남에서 만들어진 '스라난 통고'라는 언어도 사용하고 있지요.

수리남의 전통 의상에는 '코토미시'라고 부르는 여성 의복이 있어요. 코토미시는 '치마를 입은 여자'라는 뜻으로, 옷을 여러 겹 껴입어서 뚱뚱하게 보이도록 하는 특징이 있어요. 이는 과거 네덜란드의 식민지였던 시절에 권력자로부터 스스로를 보호하기 위해 옷을 껴입던 것에서 유래되었어요.

1975년에 독립하면서 새롭게 제정된 수리남의 국기는 초록색, 흰색, 빨간색 선에 노란색 별이 있는 모습이에요. 초록색은 국가의 풍요를, 흰색은 정의와 평화를, 빨간색은 사랑과 진보를 의미하며, 노란색 별은 다양한 인종 간의 단결을 의미한답니다.

1화
수리남 정글에서 만난 야생 물고기

수리남의 다양한 열대어를 만나러 가볼까요?

여러분, 제가 수리남 정글에 왔습니다! 과연 이곳에서 어떤 생물들을 만나게 될까요?!

아름답게 노을지는 아마존 정글~

뜰채로 물고기를 잡아 볼게요.

좌악

우아, 엔젤피쉬다!

앙 증

안녕?

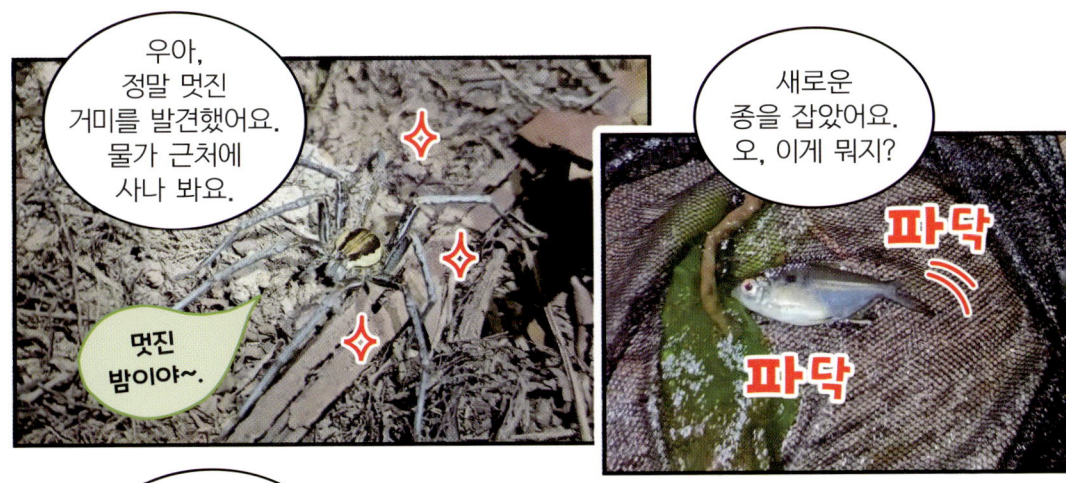

우아, 아마존에서는 이렇게 뜰채로 큰 물고기를 잡을 수 있어요.

산속에서 메기 종류가 잡혔어요!

화려

스윽

호플로라는 작고 단단한 갑옷을 가진 메기예요.

호플로캣피쉬

브린이를 위한 상식
호플로는 캣피쉬라고도 하는 메기에 속하는 물고기예요. 번식기가 되면 평소와 다르게 성격이 *호전적으로 바뀌고, 수컷이 열심히 거품 둥지를 지킨다는 특징이 있어요.

오늘은 뜰채로 열대어들을 잡아 봤습니다.

*개량종이 아닌 자연에 사는 엔젤피쉬들을 잡을 수 있다니,

너무 즐거운 시간이었어요.

아마존에서의 첫 채집 대성공!

12 *호전적: 싸우기를 좋아하는 것.
*개량종: 교배를 해서 우수한 모양과 성질을 갖도록 길러 낸 동식물의 새 품종.

브르, 킬리피쉬를 잡다!

오늘은 야간 정글 탐험으로 시작해 볼게요!

사탕수수 두꺼비

엄청 큰 두꺼비를 만났어요.

브르 손만한 두꺼비

우아, 큰 독사도 만났어요. 먹이를 기다리나 봐요.

이 친구는 남미 황소개구리예요.

남미 황소개구리

잘 놀다 가~.

처음 보는 사마귀인데, 넓적배사마귀처럼 배가 치켜 올려져 있어요.

3~4*령 정도 되어 보입니다.

독특하게 생긴 수리남 사마귀

*령: 곤충의 유충이 성장하면서 거치는 탈피 과정.

"야생에서 자라고 있는 브로멜리아드를 발견했어요."

브로멜리아드

"이런 곳에 다트프록 개구리가 산란을 하는데 안에 고여 있는 물을 이용해 번식합니다."

브린이를 위한 상식
브로멜리아드는 남미에 서식하는 열대 식물로, 아름다운 색과 무늬 등으로 우리나라에서도 많은 사랑을 받고 있어요. 파인애플도 브로멜리아드에 속한답니다.

"여기에 다양한 물고기가 있을 것 같아요."

"이곳에서 채집을 해 볼게요!"

좌앗

"어떤 친구가 잡혔을까요?"

스윽

"물가 근처에 서식하며 물 위에 떠서 사는 물도마뱀이에요."

반가워~!

15

브린이를 위한 상식

킬리피쉬는 아메리카, 아프리카 등 다양한 지역에 서식하는 물고기예요. 킬리피쉬 중에는 특이하게 알을 낳아서 마른 연못의 바닥에 묻고, 연못이 물로 채워진 뒤에 알이 부화하도록 하는 경우가 있어요.

다양한 종류의 예쁜 킬리피쉬들!

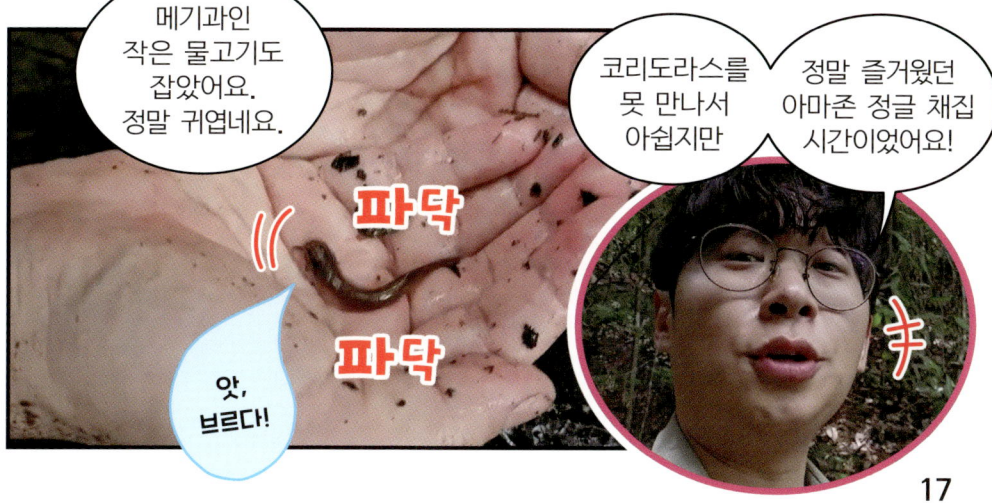

17

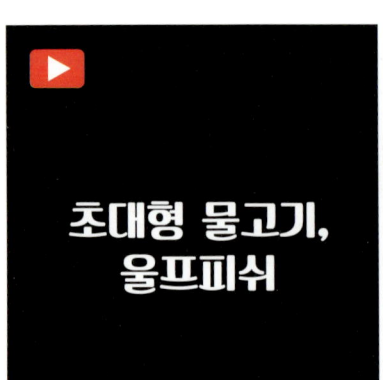

울프피쉬 중에서 1m까지 커지는 아이마라가 이곳에 서식한대요.

이 친구들은 굉장히 호전적이어서 낚싯대를 던지면 빠르게 다가와서 침입자를 무는 습성이 있어요.

울프피쉬 아이마라의 서식지!

낚싯대 말고도 이렇게 줄에 바늘을 걸어서 잡기도 한답니다.

가지고 온 전기뱀장어를 미끼로 사용하기 좋게 준비하고 있어요.

여기 보면 하얀 게 다 지방인데, 온몸이 지방으로 둘러싸여 있어 전기뱀장어끼리 감전되지 않는 거예요.

지방

전기뱀장어는 교미하거나 싸울 때 또는 상처가 있을 때 서로 전기로 감전시킬 수가 있대요.

그래서 감전을 방지하려고 지방이 많은 거예요.

20

브린이를 위한 상식
울프피쉬는 아마존에 서식하는 거대한 민물고기예요. 울프피쉬에는 여러 종이 있는데, 그중에서 가장 거대한 '아이마라'는 최대 1m 이상까지 자라요.

정브르의 생물 탐구

물고기는 강, 바다 등 다양한 환경에서 서식해요. 물고기가 서식하는 장소에 따라 해수어, 담수어 등 부르는 명칭이 다양하지요.

★정브르의 생물 탐구★

생물 이름: 틸라피아

틸라피아는 주로 열대 지역에 서식하는 민물고기이지만, 바다에서도 살아갈 수 있어요. 환경의 변화에 적응을 잘하고 키우기도 편해서 전 세계적으로 많이 키우고 있어요.

- 크기: 평균 30~40cm
- 먹이: 수초, 물고기 등
- 사는 곳: 강, 바다 등

영상으로 확인해 봐요!

★물고기가 사는 환경★

물고기가 사는 곳은 해수, 담수, 기수로 구분할 수 있어요. 해수는 바닷물을 말하며, 흰동가리, 상어 등이 해수어예요. 담수는 염분이 없는 호수, 강과 같은 민물로 잉어, 붕어 등이 담수어예요. 그리고 해수와 담수가 만나는 지역의 물을 기수라고 불러요.

세 가지 물을 구분하는 기준은 바로 소금의 농도예요. 생물에 따라 서식하기 좋은 농도가 있기 때문에, 물고기를 키울 땐 어떤 물에서 키워야 하는지 꼭 확인해야 한답니다.

상어

잉어

2화 브르의 정글 속 하천 채집

코리도라스, 놓치지 않을 거예요~.

오늘은 남미 대표 어종인 코리도라스를 잡으러 수리남의 하천으로 왔어요.

코리도라스는 전 세계에 2백여 종이 있는데, 그중 수리남에 30~40여 종이 서식하고 있답니다.

과연 만날 수 있을까요?

오늘 잡은 생물은 이 블랙워터에 담아 줄 거예요. 블랙워터는 물고기가 살기에 최적화된 물이에요.

코리도라스 채집 장소 도착!

블랙워터

찰방

*유어: 알에서 갓 깬 어린 물고기.

*개체: 하나의 독립된 생물체.

브린이를 위한 상식
원주민 언어로 '이빨이 있는 물고기'라는 뜻의 피라냐는 이름처럼 날카로운 이빨이 있어요. 성격이 공격적이며, 날카로운 이빨로 먹잇감을 쉽게 뜯어 먹을 수 있어요.

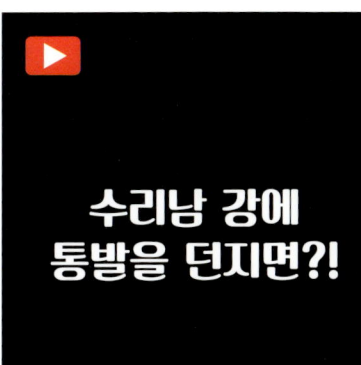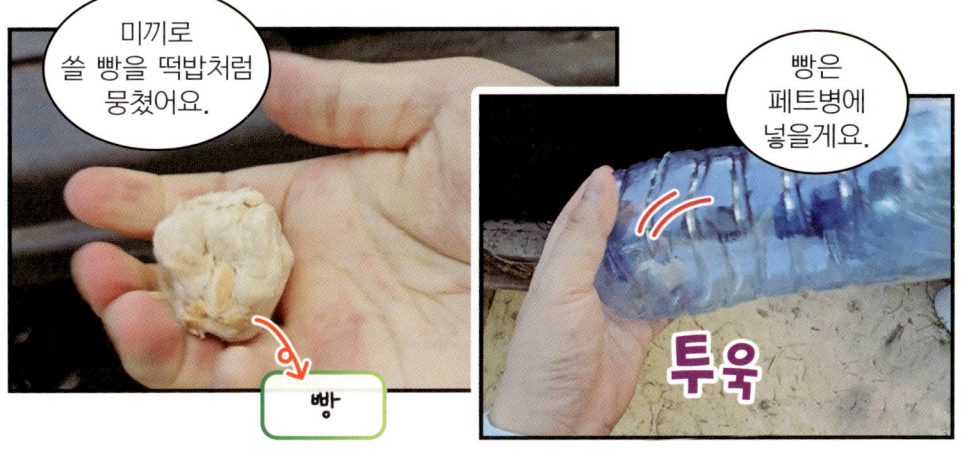

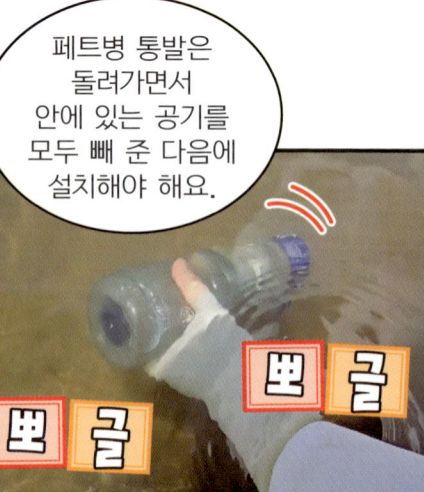

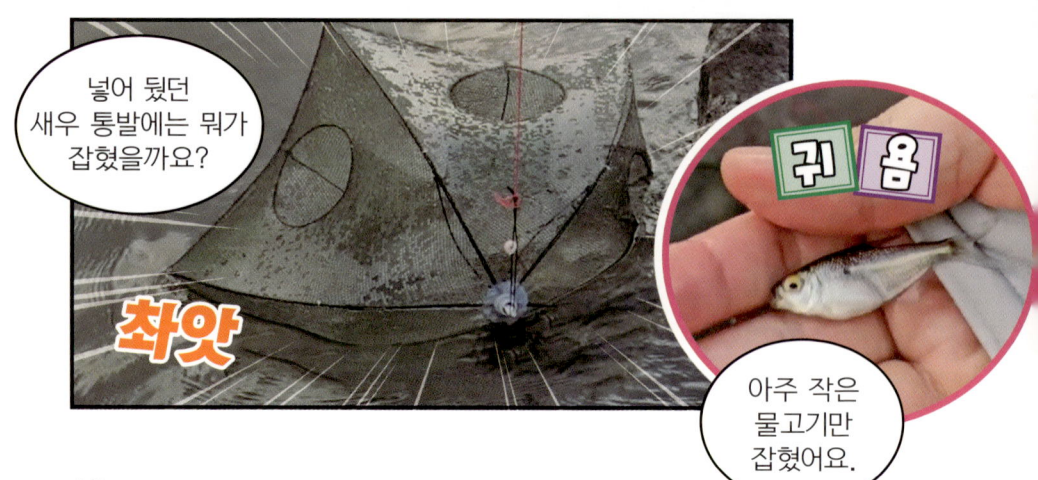

정브르의 생물 탐구

꼬리에 독침이 있는 가오리처럼 해파리는 촉수에 독침이 숨어 있어요. 또 신장, 피부 등 다양한 부위에 독이 있는 생물들이 많답니다.

★정브르의 생물 탐구★

생물 이름: 커튼원양해파리

커튼원양해파리는 머리 가장자리에 붙어 있는 촉수와 머리 안쪽에 있는 입다리가 커튼처럼 내려와 있어요. 우리나라에서 발견되는 해파리들 중에서 독성이 강한 편이에요.

· 크기: 평균 10~30cm
· 먹이: 작은 물고기, 플랑크톤 등
· 사는 곳: 남해, 동해 등

★강력한 독이 있는 생물★

바닷속이나 숲속 등 우리가 사는 지구에는 독이 있는 생물들이 함께 살아가고 있어요. 생물에 따라 독의 종류와 위력이 모두 다르지만, 그중에는 위험한 맹독이 있는 생물도 있지요.

대표적인 맹독 생물인 복어는 간 등의 여러 신체 부위에 온몸을 마비시키는 독이 있어요. 또 우리에게 익숙한 청개구리도 피부에 약한 독이 있어 만졌을 경우 반드시 손을 씻어야 합니다.

복어

청개구리

3화
브르가 만난 신비한 생명체의 정체는?

호랑이처럼 줄무늬가 있는 개구리의 정체는?

정글 숲으로 야간채집을 왔어요. 개구리 소리가 엄청 들려요.

개굴

개굴

어떤 생물을 만나게 될까?

밤 공기 좋다!

아마존 잠자리는 색깔이 독특하네요.

바닥에서 쉬고 있는 개구리를 발견했어요. 우리나라의 산개구리랑 비슷하게 생겼죠?

브르, 안녕?

나무에서 쉬고 있는 전갈도 있네요.

쿠올쿠올….

브린이를 위한 상식

타이거렉몽키프록은 주로 열대 지역의 숲에서 서식해요. 물 근처에 있는 잎에 알을 낳아서 올챙이가 부화하면 자연스럽게 물가로 떨어질 수 있도록 산란해요.

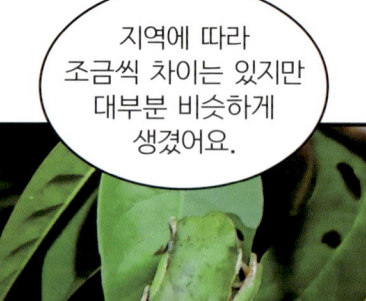

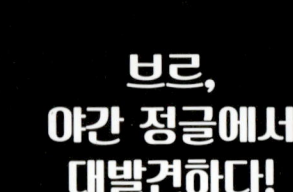

브르,
야간 정글에서
대발견하다!

이곳은 수리남 베이스캠프예요. 오늘은 이 근처에서 채집을 할 거예요.

탄닌이라는 성분 때문에 물이 검은색이에요.

이런 물에서 사는 생물들이 대체적으로 발색이 어두워요.

검은색을 띠는 강물

개구리가 만든 작은 웅덩이예요.

올챙이랑 알이 엄청 많네요.

정브르의 생물 탐구

개구리는 대표적인 양서류로, 물과 뭍을 오가며 살아가요.
두꺼비, 도롱뇽, 맹꽁이도 모두 양서류에 속하는 동물이에요.

★정브르의 생물 탐구★

생물 이름: 프린지드리프프록

프린지드리프프록은 뾰족뾰족한 나뭇잎 형태의 개구리로, 나뭇잎개구리라고도 불려요. 암컷이 수컷보다 크고, 주로 높은 나무 위에서 생활해요. 배와 옆구리가 주황색인 게 특징이에요.

- 크기: 약 5~8.7cm
- 먹이: 작은 곤충
- 사는 곳: 열대 우림

영상으로 확인해 봐요!

★개구리와 두꺼비의 차이★

개구리와 두꺼비는 비슷하게 생겼지만, 자세히 보면 여러 가지 차이점을 찾을 수 있어요.

보통의 두꺼비는 피부가 오돌토돌한 반면, 개구리는 두꺼비에 비해 피부가 매끈해요. 또, 개구리는 턱니가 있어서 사냥한 먹이를 놓치지 않지만, 두꺼비는 턱니가 없답니다.

개구리

두꺼비

4화
카이만 악어를 맨손으로 잡은 브르

무시무시한 카이만 악어를 잡았어요!

오늘은 정글에 들어가기 전에 수리남 마트에 들렀어요.

우리나라 음식도 보이네요.

식료품 구비가 잘 되어 있는 아마존 마트

마트에서 장을 보고 호수가 한눈에 보이는 베이스캠프로 왔어요.

우선 이곳 주변을 탐색해 볼게요.

색이 정말 예쁜 이 친구는 블루테일스킨크예요.

블루테일스킨크

*기척: 누가 있는 줄을 짐작하여 알 만한 소리나 기색.

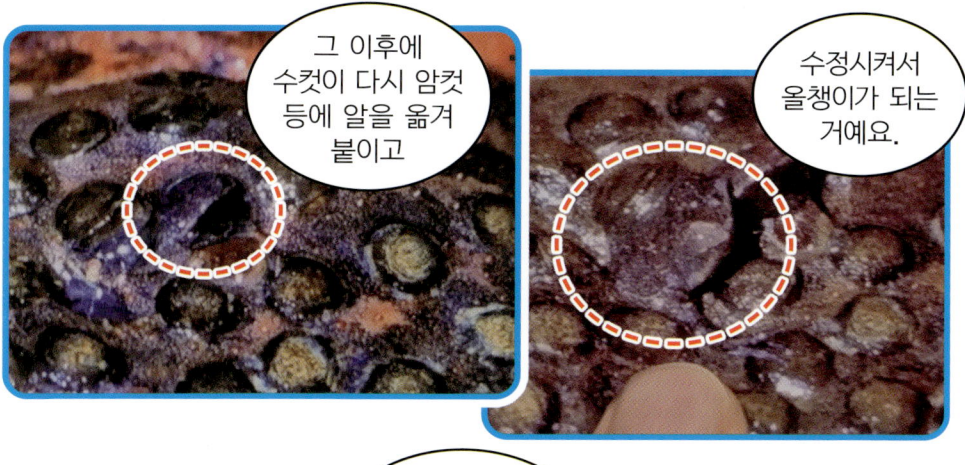

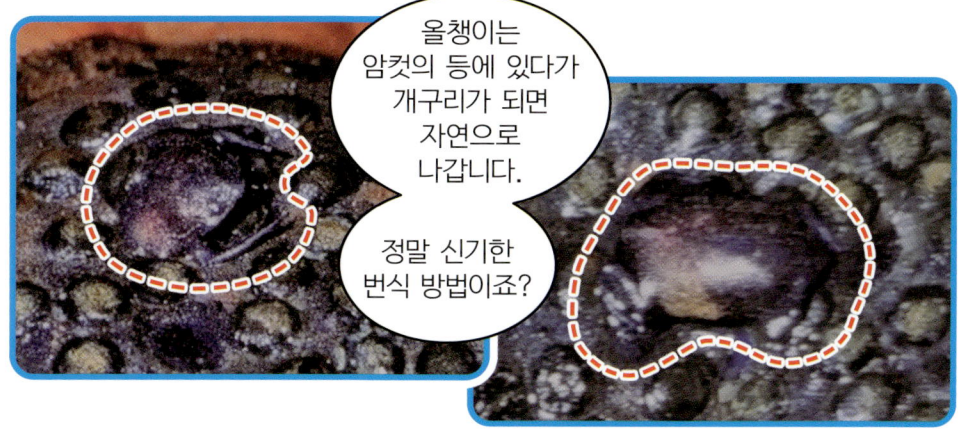

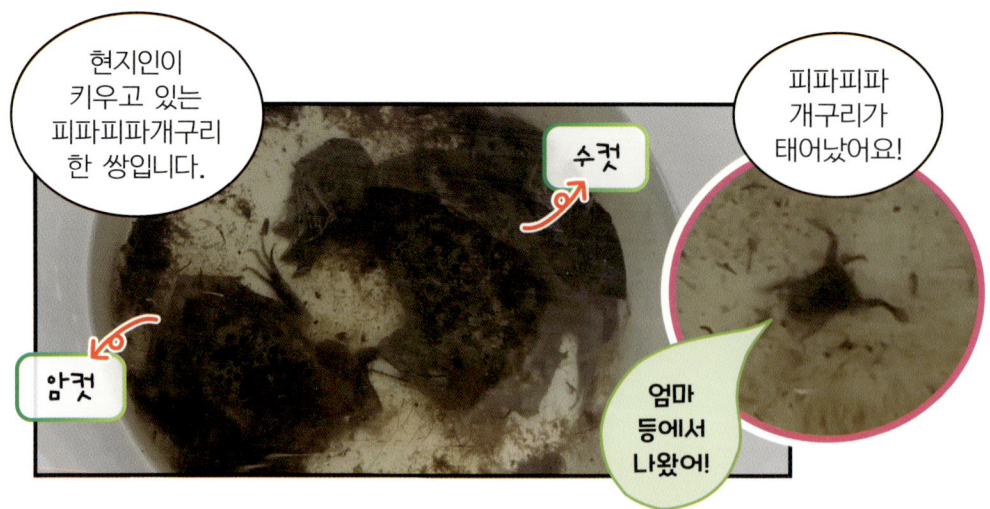

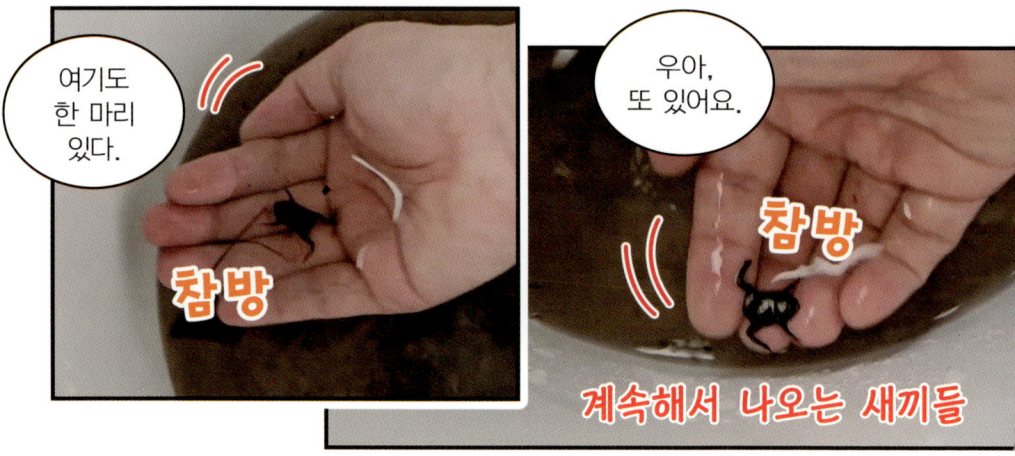

정브르의 생물 탐구

피파피파개구리처럼 우리가 사는 지구에는 특이한 방식으로 번식하고 새끼를 돌보는 생물들이 많아요.

영상으로 확인해 봐요!

★정브르의 생물 탐구★

생물 이름: 흰동가리

흰동가리는 특이하게 수컷에서 암컷으로 성을 전환할 수 있는 물고기예요. 무리에서 암컷이 죽으면 가장 큰 수컷이 성을 전환하여 번식을 이어간답니다.

· 크기: 평균 3~5cm
· 먹이: 플랑크톤, 해조류 등
· 사는 곳: 산호초 지대

★새끼를 지키는 포근한 주머니★

캥거루 새끼는 태어나자마자 본능적으로 엄마의 배에 있는 주머니를 찾아가요. 그 후 6개월에서 1년 동안 엄마의 주머니 속에서 성장한 뒤, 안전하게 독립하지요.

캥거루와 비슷한 동물로 해마가 있어요. 해마는 암컷이 수컷의 배에 있는 주머니에 알을 낳고, 수컷이 몸속에서 새끼를 돌보다가 내보내는 특이한 방식으로 산란해요.

캥거루

해마

브르의 정글 탐험 탐구 노트 - ②

정글 생물 상식

남아메리카맥은 코뿔소, 코끼리 등 여러 동물이 섞인 것 같은 생김새가 특징이에요. 물 근처에 서식하며, 수영을 잘해서 천적으로부터 도망칠 때에도 물속으로 도망쳐요.

생물 이름: 남아메리카맥

생물 이름: 수리남뿔개구리

수리남뿔개구리는 눈 위에 뿔 모양의 돌기가 있으며, '아마존뿔개구리'라고도 불려요. 낙엽 속에 숨어 있다가 도마뱀, 쥐 등 작은 동물을 잡아먹는 사냥꾼이지요.

노란이마해오라기는 모자를 쓴 것처럼 부리부터 머리 뒤쪽까지 노란색 무늬가 이어져 있어요. 중앙아메리카와 남아메리카 북부 등의 해안에 서식해요.

생물 이름: 노란이마해오라기

생물 이름: 흰얼굴사키원숭이

흰얼굴사키원숭이는 대부분 나무 위에서 생활하지만 과일, 씨앗 등의 먹이를 찾아 육지를 오가기도 해요. 주로 한 쌍이 짝을 이루면 평생 함께하며, 서로에게 헌신적이에요.

여섯띠아르마딜로는 굴 속에서 서식하며, 곤충이나 열매, 동물의 사체 등을 먹으며 살아가요. 시력이 좋지 않기 때문에 후각에 의존해서 먹이를 사냥하고 천적을 피하지요.

생물 이름: 여섯띠아르마딜로

생물 이름: 세발가락나무늘보

눈 주위에 검은색 무늬가 있는 세발가락나무늘보는 이름처럼 세 개의 발가락이 있어요. 다른 동물들보다 목에 뼈가 많아서 머리를 위아래로 270도까지 돌릴 수 있어요.

5화
정글에는 무슨 뱀이 살고 있을까?

야간 정글에서 다양한 뱀을 만났어요!

오늘은 야간 정글을 탐험할 거예요.

자연에서 만난 야생 에메랄드트리보아입니다.

눈썰미가 좋군!

브린이를 위한 상식
에메랄드트리보아는 에메랄드처럼 아름다운 초록색 보아뱀이에요. 다른 보아뱀들처럼 새끼를 낳는 난태생 동물이며, 독이 없는 대신 앞니가 발달했어요.

나뭇잎과 발색이 비슷해서 나무 위에서 은신하기 좋겠죠?

에메랄드트리보아

나 어디 있게?

*아성체 정도 되어 보입니다. 수리남에서 인기가 많은 멋있는 뱀이에요.

*아성체: 어린 개체와 성체의 중간.

브린이를 위한 상식
레드테일보아는 이름처럼 꼬리가 붉은색인 뱀이에요. 나무 위에서 생활하기도 하지만, 성장한 뒤에는 주로 땅에 굴을 파고 몸을 보호하거나 먹이를 사냥해요.

물가 근처에서 정말 멋있는 친구를 발견했습니다.

야생에서 만난 그린아나콘다 새끼예요.

스스스슥

나랑 놀자~!

그린아나콘다

아나콘다 중에서 그린아나콘다가 가장 덩치가 커요.

정말 대단하지?

브린이를 위한 상식
아나콘다는 보아뱀에 속하며, 주로 물속에서 생활하는 물뱀이에요. 그중에서도 그린아나콘다가 가장 크게 자라는데, 카이만 같은 거대한 생물도 거뜬히 사냥하는 포식자예요.

아나콘다의 최대 크기는 8m 정도이고, 성인 여럿이 함께 들어도 무거울 정도로 거대하고 묵직해요.

내 몸무게는 비밀~.

85

장수거북의 신비한 산란 현장

오늘은 바다거북의 산란 현장을 보러 갈 거예요!

과연 수리남의 바다거북을 만날 수 있을까요?

갯벌에서 쉬고 있는 농게 한 마리를 발견했어요.

브르다!

이 친구들은 발색이 예쁘네요.

반가워~.

맹그로브 나무가 있는데 운이 좋으면 맹그로브 크랩을 만날 수 있어요.

맹그로브 나무

실제로 사람이 물에 빠지면 이 돌고래들이 주변에 물고기가 몰려드는 걸 막아 준대요.

같이 여행하자!

정말 똑똑하고, 사람한테 굉장히 우호적인 친구들이죠.

사람이 정말 좋아!

아마존 강에는 피라냐들이 많아서 사람이 헤엄치면 피라냐들이 몰릴 법도 한데,

돌고래들이 다 내쫓아 준대요.

사람과 교감하는 돌고래

드디어 거북의 산란장에 도착했습니다.

군데군데 구덩이가 있어요. 새끼들이 나온 걸까요?

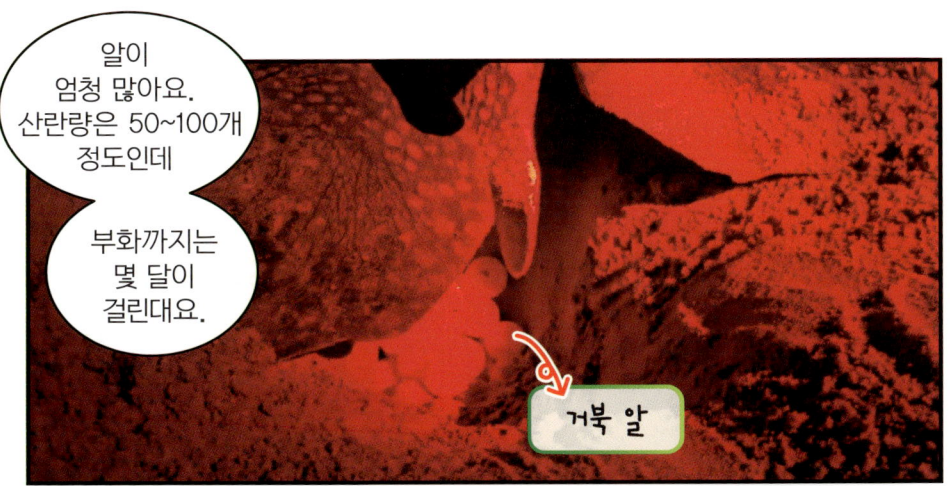
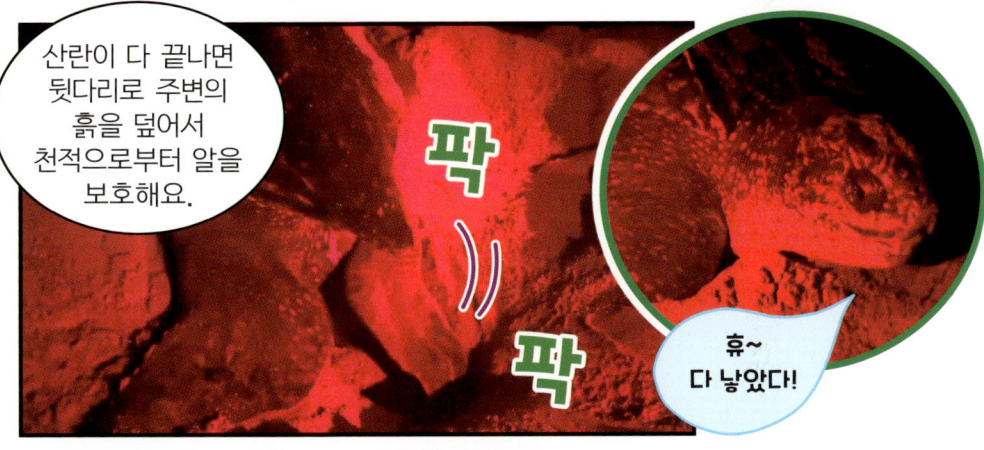

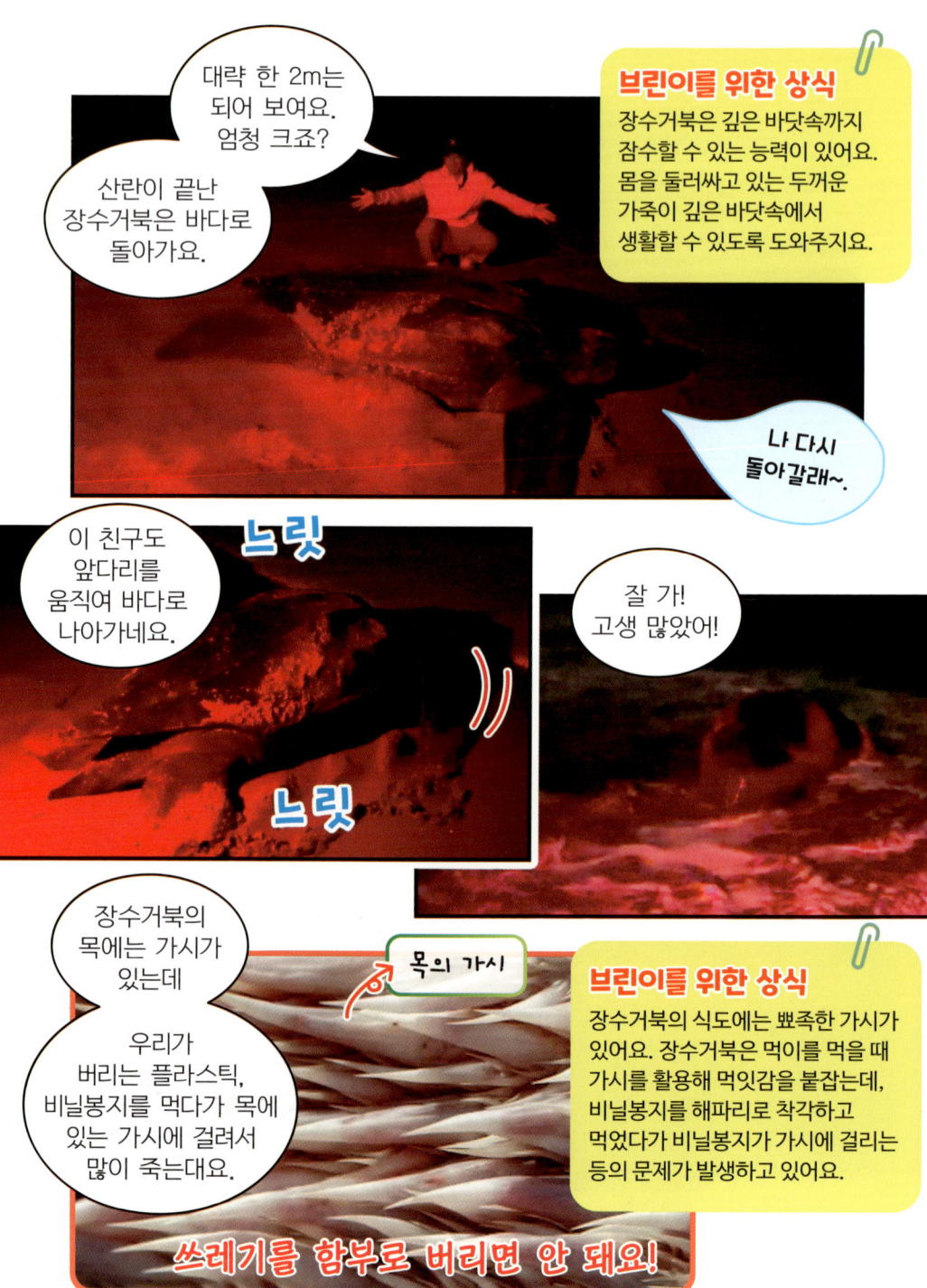

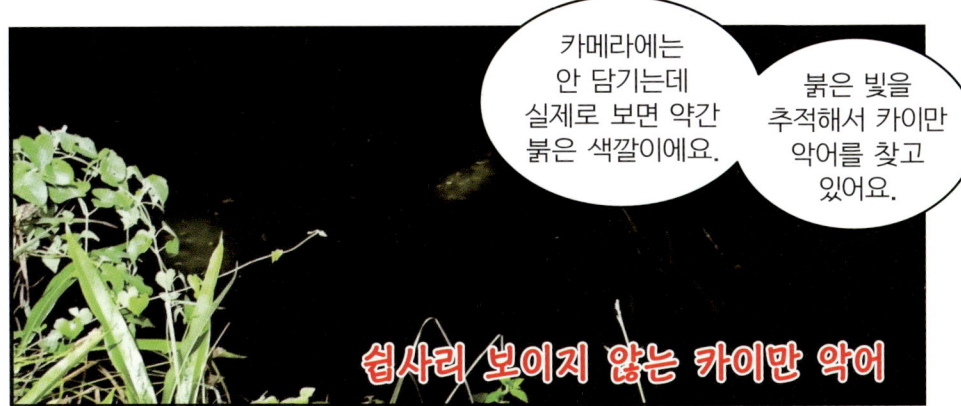

정브르의 생물 탐구

뱀은 파충류에 속하며, 다른 동물과 달리 팔과 다리가 없어요.
또, 혀가 두 갈래로 갈라져 있다는 특징이 있지요.

★정브르의 생물 탐구★

생물 이름: 에그이터스네이크

에그이터스네이크는 이름 그대로 알을 먹으면서 살아가는 뱀이에요. 이빨이 없기 때문에 먼저 커다란 알을 몸속에 넣어서 튀어나온 척추뼈로 알을 깨고, 액체만 먹은 뒤 껍질을 다시 뱉어 내요.

- 크기: 평균 60~70cm
- 먹이: 알
- 사는 곳: 숲 등

영상으로 확인해 봐요!

★우리나라의 독사들★

우리나라에 서식하는 뱀에도 독사가 있어요. 대표적인 독사인 살모사는 머리가 세모 모양이에요. 살모사 중에서 쇠살모사는 크기가 가장 작지만, 가장 강력한 독이 있답니다.

또 다른 종으로는 유혈목이가 있어요. 유혈목이는 독사이지만, 머리가 둥근 모양이에요. 살모사처럼 출혈을 일으키는 출혈 독을 지닌 독사예요.

↖ 유혈목이

6화
수리남 헌터 집엔 어떤 생물이 살까?

수리남에서 산다면 어떤 생물을 키우고 싶나요?

수리남 지인 집에 놀러 왔어요. 어떤 친구들이 있을까요?

반갑소!

저 멀리 소가 보입니다.

수리남에 서식하는 세라투스는 플레코 종류예요.

약 40cm는 될 거 같은데 엄청 크죠?

→ 수리남 세라투스

큼직

브린이를 위한 상식
플레코는 대표적인 청소 물고기로, 빨판처럼 물체에 달라붙어 흡입할 수 있는 입이 있어요. 이 입으로 어항 속 이끼를 갉아먹어서 어항의 청소를 도와주지요.

섬프 안에 여과재를 넣은 박테리아의 생물학적 여과

브린이를 위한 상식
애니메이션 캐릭터로 유명한 흰동가리는 특이하게 말미잘 등의 산호와 공생하며 살아가는 물고기예요. 말미잘은 천적으로부터 흰동가리를 보호하고, 흰동가리는 말미잘에게 먹이를 주지요.

*여과: 액체 속에 들어 있는 침전물이나 입자를 걸러냄.

플레코

나랑 놀자~!

우아, 실제 수리남 강에 서식하는 플레코인데 발색과 패턴이 너무 예뻐요.

수족관에서 보니까 느낌이 또 다르네요.

자연에서 잡은 코리도라스예요.

코리도라스는 '단단한 투구'라는 뜻인데 실제로 이 친구들 머리가 굉장히 단단해요.

투구를 쓴 것 같지?

우리 머리가 좀 딱딱해.

코리도라스

프론토사

프론토사는 굉장히 인기가 많은 *탕어 종류 중 하나예요.

밥 주세요!

담수가오리

*탕어: 탕가니타 호수에 사는 물고기.

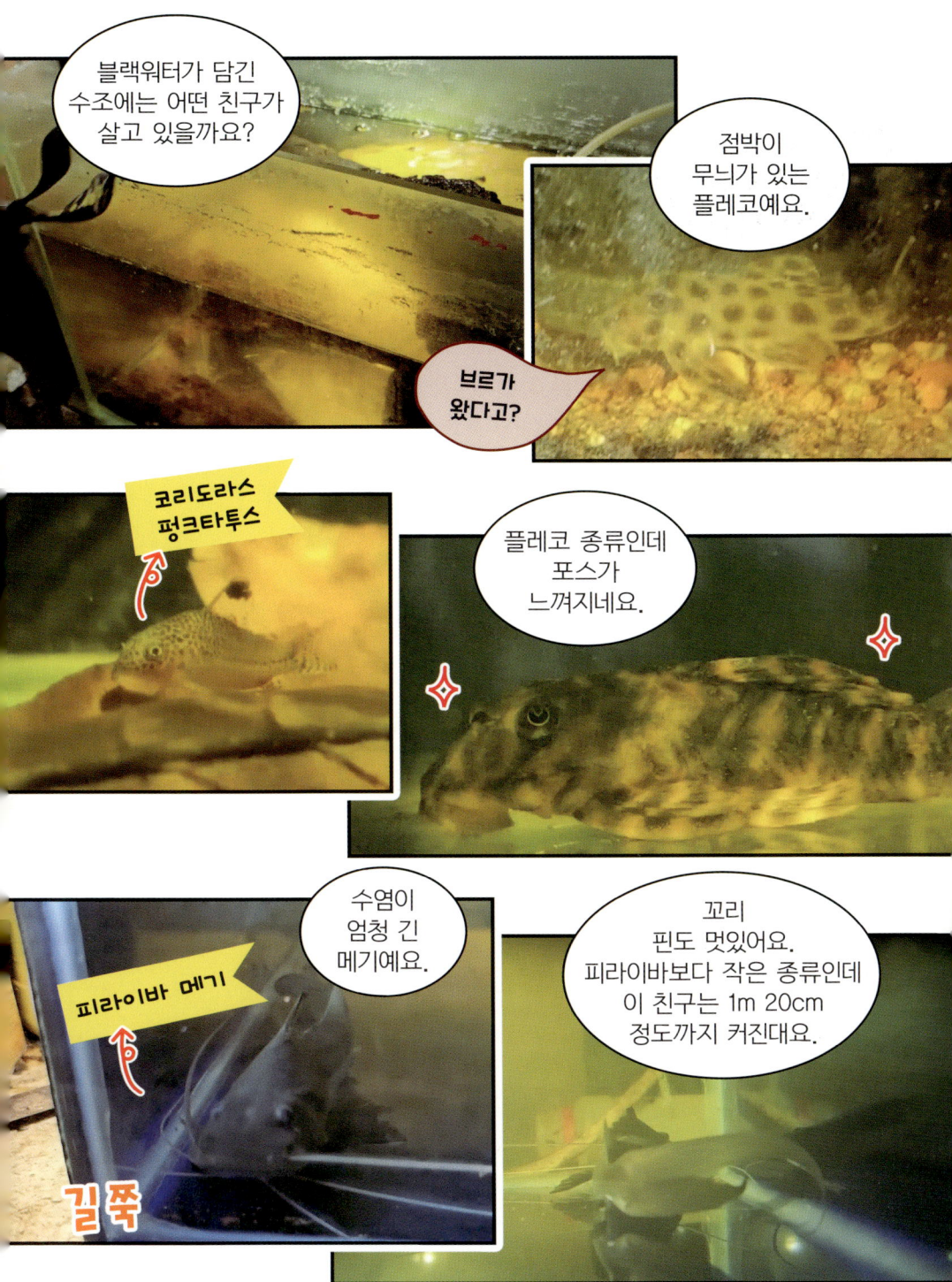

정브르의 생물 탐구

새는 하늘을 날 수 있는 날개가 있는 동물이에요. 온몸이 깃털로 덮여 있고 종에 따라 색과 무늬, 생김새가 모두 다르지요.

★정브르의 생물 탐구★

생물 이름: 넓적부리황새

넓적부리황새는 '슈빌(Shoebill)'이라고도 불려요. 신발처럼 넓적하고 커다란 부리가 있다는 뜻이에요. 날개를 폈을 때 몸의 길이가 최대 260cm에 달할 만큼 거대한 몸집을 자랑하는 새예요.

· 크기: 평균 110~150cm
· 먹이: 물고기, 파충류 등
· 사는 곳: 아프리카 습지

영상으로 확인해 봐요!

★철새의 텃새화 현상★

철새란 계절에 따라 여러 지역을 옮겨가며 서식하는 새를 말해요. 그런데 종종 겨울에 우리나라를 떠나 따뜻한 지역으로 가야 하는 철새들이 계속 우리나라에 머무르는 모습이 발견되고 있어요.

이처럼 철새가 계절이 지나도 한 지역에 계속 머무르는 현상을 '텃새화 현상'이라고 해요. 텃새화 현상은 지구온난화로 인해 기후가 변하면서 생긴 문제랍니다.

후투티

가마우지

7화 인도네시아 정글에서 만난 곤충

수리남만큼 흥미로운 인도네시아 정글로 떠나요!

오늘은 등화채집을 할 거예요.

어떤 친구들이 놀러 올까요?

등화를 켜 놓고 야간채집을 갑니다.

저벅 저벅

나무에 붙어 있는 사슴벌레를 찾았어요.

스윽

브린이를 위한 상식
난초사마귀가 꽃처럼 위장할 때에는 꽃 위에 올라가서 바람에 흔들리는 것처럼 꽃을 흔들어요. 이렇게 작은 곤충들을 꽃으로 유인하는 것이죠.

꽃잎인 것처럼 위장하기 위해 일부러 나뭇잎을 흔들고 있어요.

나는 꽃잎이야!

흔들 흔들

암컷의 경우에는 크기가 굉장히 커요.

암컷

암컷보다 수컷이 작은데, 크기로 봤을 때 이 친구는 수컷일 것 같아요.

엉덩이가 너무 귀엽죠?

이렇게 작은 꽃에 게마투스 꽃사마귀가 많이 있다고 했는데, 잘 안 보이네요.

게마투스꽃사마귀

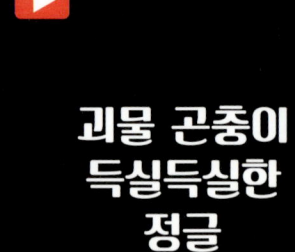

브린이를 위한 상식

로젠버기황금사슴벌레는 이름처럼 황금색을 띠는 곤충이에요. 특이하게 습도에 따라서 색이 변하는데, 습도가 높으면 어두운 회색을 띠고, 습도가 낮으면 황금색을 띠지요.

정브르의 생물 탐구

위장이란 모습이 드러나지 않도록 숨기는 것을 의미해요.
위장을 통해 스스로를 안전하게 보호할 수 있지요.

★정브르의 생물 탐구★

생물 이름: 낙엽사마귀

낙엽사마귀는 동남아시아의 습하고 따뜻한 열대 우림에 서식하는 곤충이에요. 낙엽과 닮은 몸을 활용해 낙엽으로 위장하여 먹이를 사냥하거나 스스로를 보호해요.

· 크기: 약 4.5cm~6.5cm
· 먹이: 작은 곤충 등
· 사는 곳: 열대 우림

★스스로를 보호하는 방법, 위장★

천적으로부터 몸을 숨기거나 먹이를 쉽게 사냥하기 위해서 생물들은 다양한 방법으로 위장을 하며 살아가요.
낙엽을 닮은 낙엽사마귀나 난초를 닮은 난초사마귀처럼 생김새 자체가 위장하기 편하도록 진화한 생물들이 있지요.

반면에 카멜레온처럼 의사소통, 감정 표현 등을 위해서 몸의 색을 바꾸고 이것을 위장에 활용하는 생물도 있어요.

난초사마귀

카멜레온

알쏭달쏭 나는 누구일까요? - ①

생물의 일부분이 나온 사진과 브르의 힌트를 보고 생물의 이름을 맞혀 보세요.

1

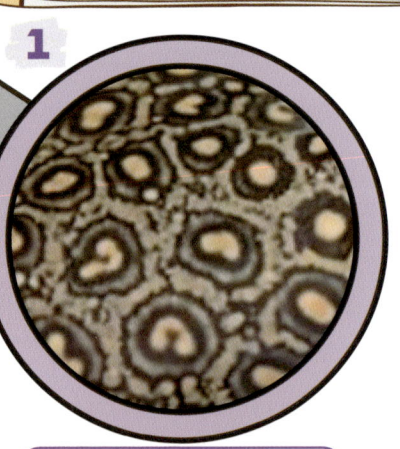

· 브르의 힌트 ·

- 주로 바다에 서식하지만 종에 따라 민물에도 살아요.
- 꼬리에 날카로운 독가시가 있어요.
- 등 표면이 거칠거칠해요.

정답:

2

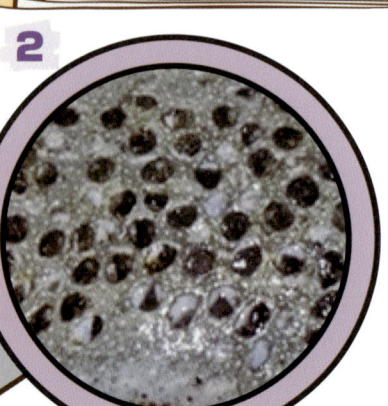

· 브르의 힌트 ·

- 늪이나 깊은 연못 등에 서식하며, 시력이 거의 없어요.
- 암컷 등에서 알을 부화시켜요.
- 뒷발에 물갈퀴가 발달했어요.

정답:

누구게?

3

· 브르의 힌트 ·

· 주로 나무 위에서 서식해요.
· 건조한 환경에서 피부가 마르지 않도록 몸에서 왁스 같은 물질을 분비해요.
· 손을 잘 써서 손으로 사냥을 하기도 해요.

정답:

4

· 브르의 힌트 ·

· 에메랄드처럼 아름다운 초록색이에요.
· 독이 없고 앞니가 발달했어요.
· 새끼를 낳는 난태생 뱀이에요.

정답:

알쏭달쏭 나는 누구일까요? - ②

생물의 일부분이 나온 사진과 설명을 보고
생물 이름을 찾아 연결해 보세요.

'민물천사고기'라고도 불리며, 삼각형의 길쭉한 지느러미가 있어요.

플레코
- 크기: 최대 40cm
- 먹이: 잡식(식물성 먹이 등)
- 사는 곳: 강, 하천 등

이빨이 굉장히 날카롭고 공격적이에요.

엔젤피쉬
- 크기: 약 12~15cm
- 먹이: 곤충
- 사는 곳: 아마존 강

청소 물고기로, 빨판처럼 물체에 달라붙어 흡입할 수 있는 입이 있어요.

피라냐
- 크기: 약 12~35cm
- 먹이: 포유류, 새, 곤충 등
- 사는 곳: 강, 하천 등

배와 다리 아래쪽에 호랑이처럼 줄무늬가 있어요.

타이거렉 몽키프록

- 크기: 약 5~6.5cm
- 먹이: 귀뚜라미 등 곤충
- 사는 곳: 열대 우림

위협을 느끼면 우유처럼 하얀색의 분비물을 내뿜어요.

독화살개구리

- 크기: 약 1.5~6cm
- 먹이: 개미, 벌 등
- 사는 곳: 열대 우림

수컷이 등에 올챙이를 업고 다녀요.

밀키프록

- 크기: 약 6~12cm
- 먹이: 곤충, 작은 양서류 등
- 사는 곳: 열대 우림

정답

138~139p

정답: 보에세마니가오리

정답: 자이언트왁시몽키트리프록

정답: 피파피파개구리

정답: 에메랄드트리보아

140~141p

플레코

엔젤피쉬

피라냐 / 타이거렉몽키프록 / 독화살개구리 / 밀키프록

쉿! 뚜식이의 일기를 공개합니다!

원작 뚜식이
글 최유성
그림 신혜영
감수 및 과학 콘텐츠 이슬기(인지과학 박사)
감수 샌드박스네트워크
188쪽
값 14,000원

"아이들에게 추천하고 싶은 유익한 책."
- 뚜식이 담임 선생님 -

"중학생이 되기 전에 꼭 읽어 보고 싶어요!"
- 옆집 천평이 -

"곧 베스트셀러가 될 책!"
- 두식서점 사장님 -

사춘기의 비밀이 뇌에 있다고?

"왜 이렇게 화가 나지?"
"이 세상에 나 혼자만 있는 것 같아!"

뭐? 이런 내 마음이 모두 뇌 때문이라고?
사춘기, 나의 마음을 조절하는 뇌에 대해 알아보자!

엉뚱하고 귀여운 뚜식이의 일기 대공개!

ⓒ뚜식이, ⓒSANDBOX NETWORK   구입문의 02-791-0708 (출판마케팅) 서울문화사

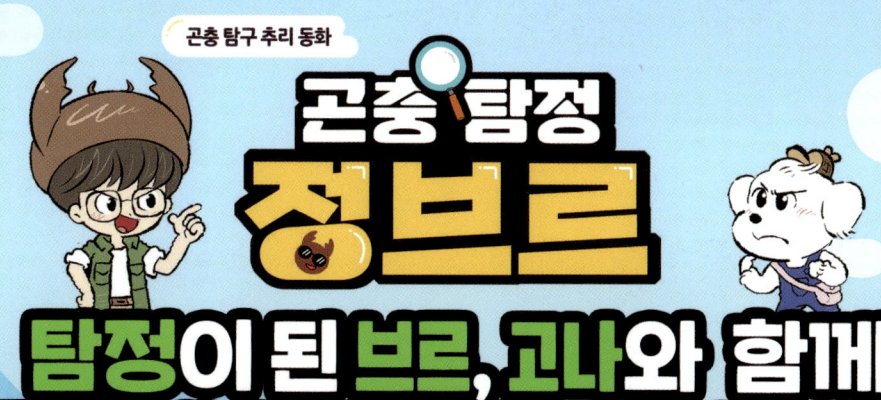